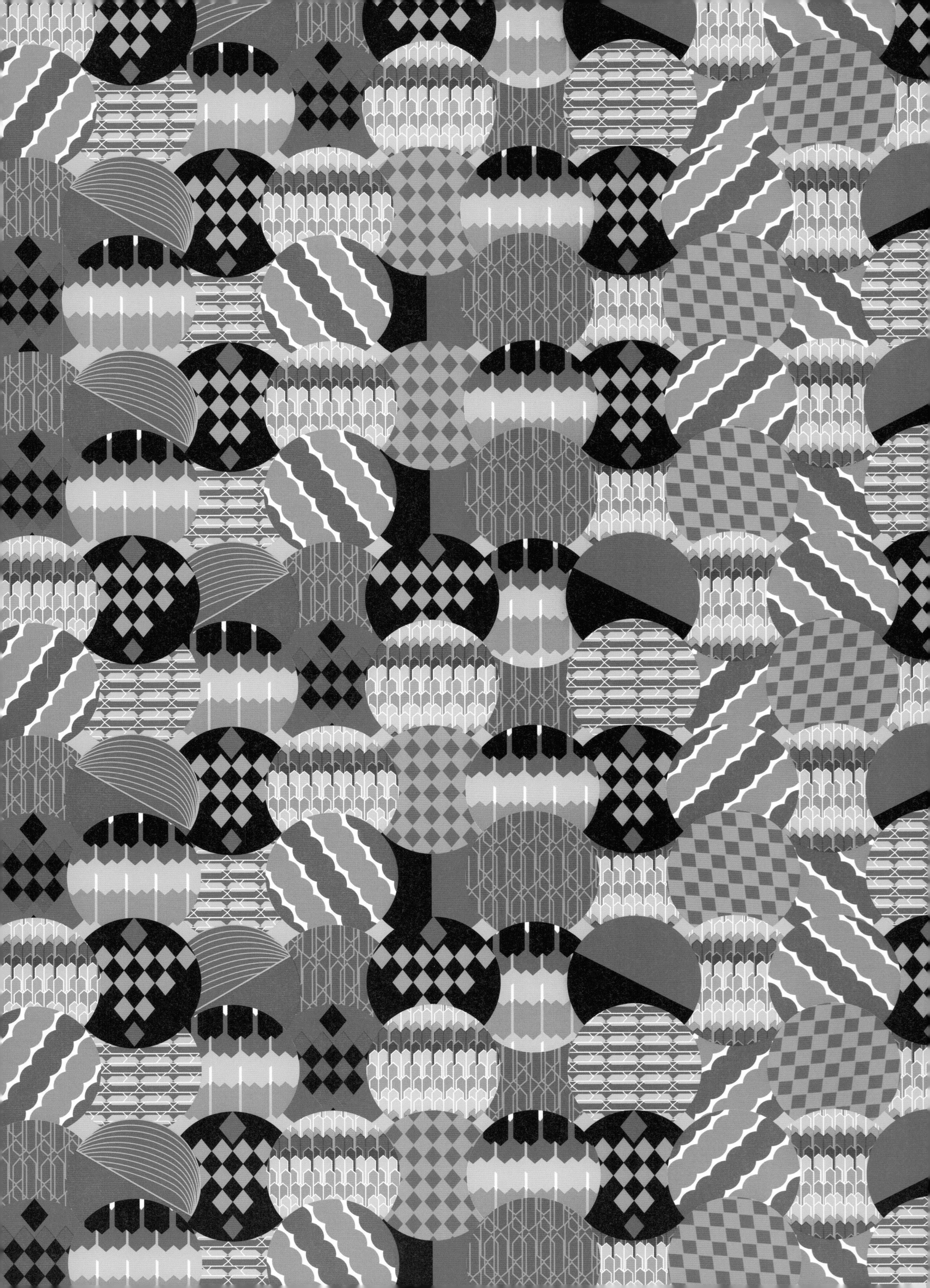

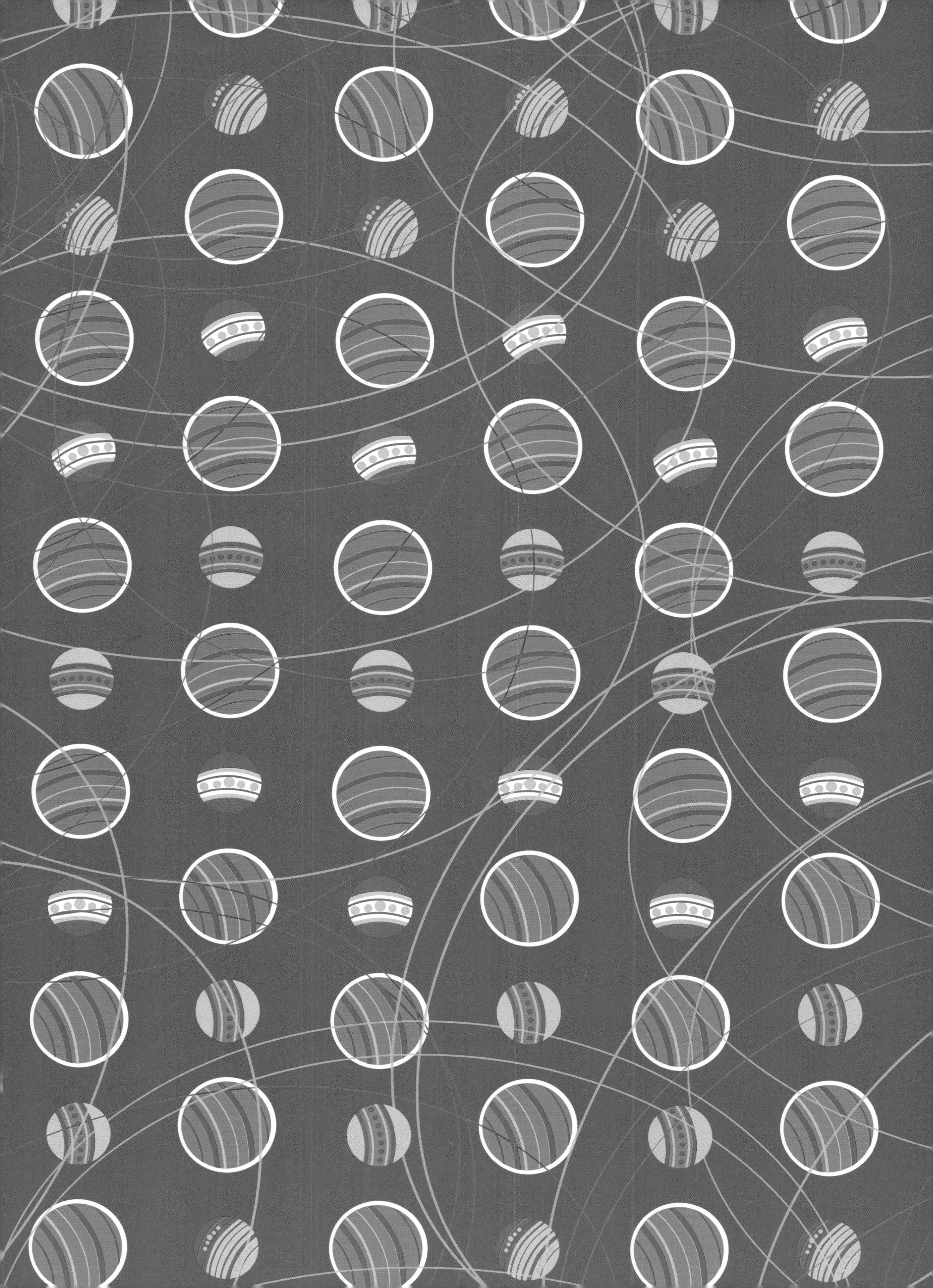

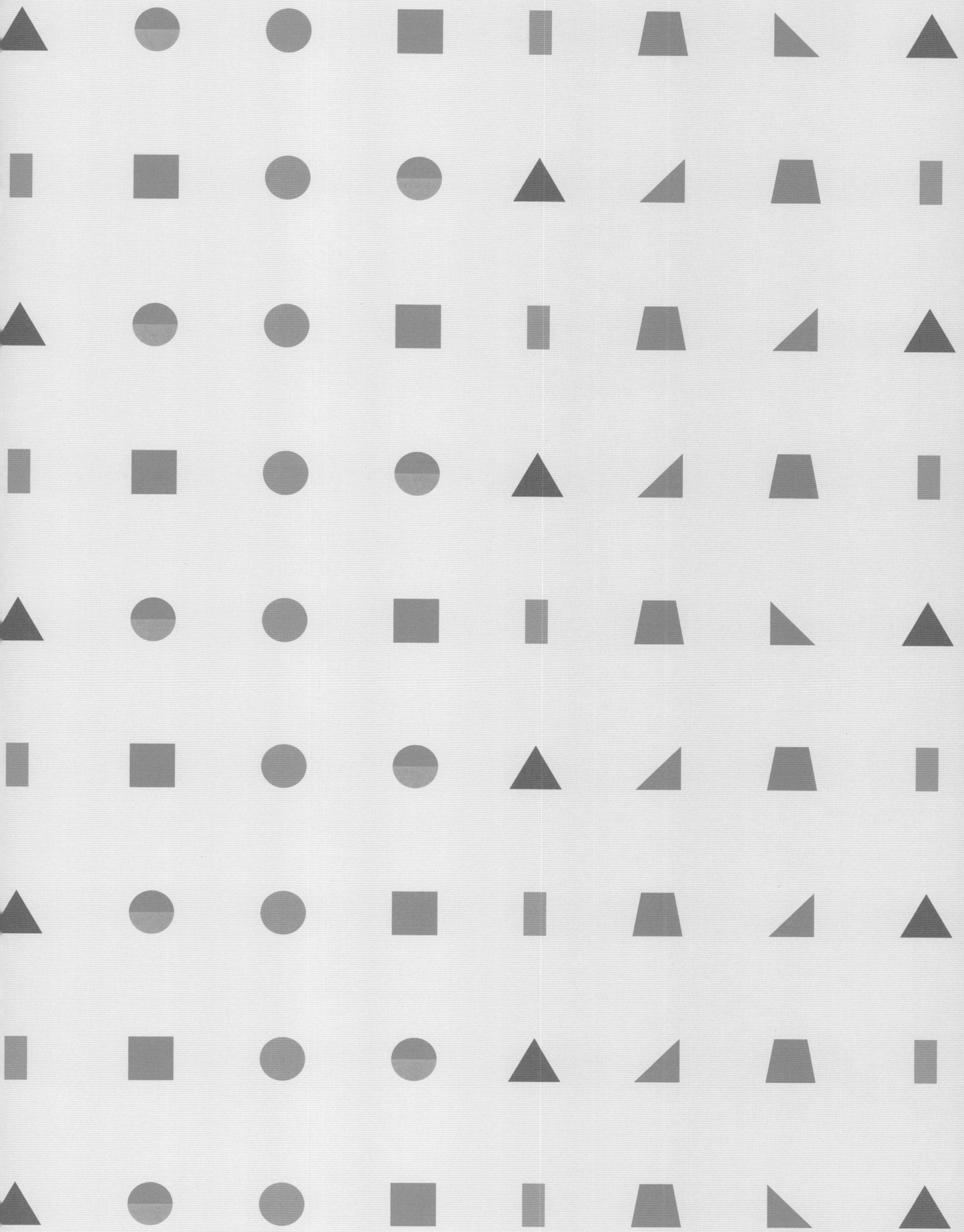

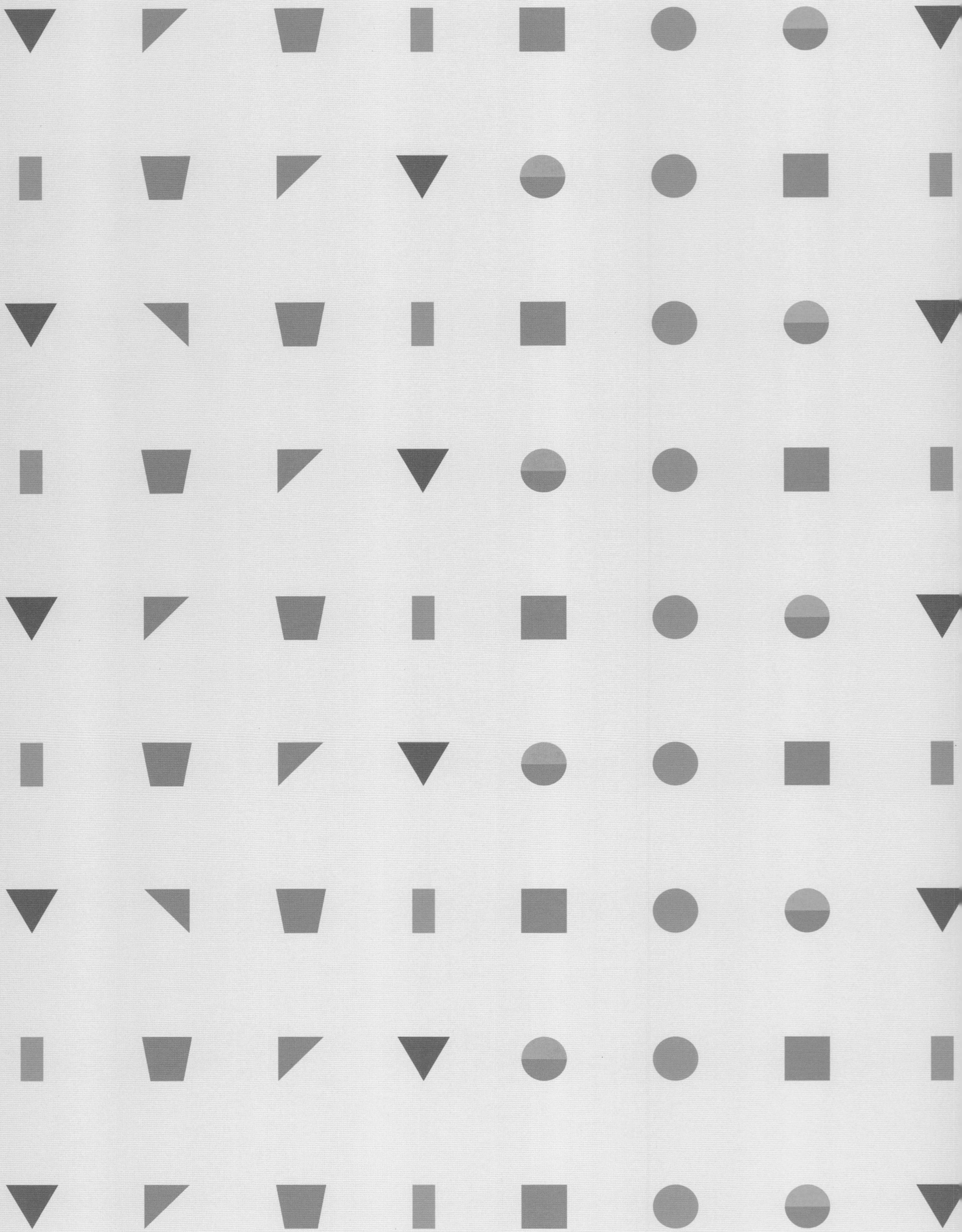

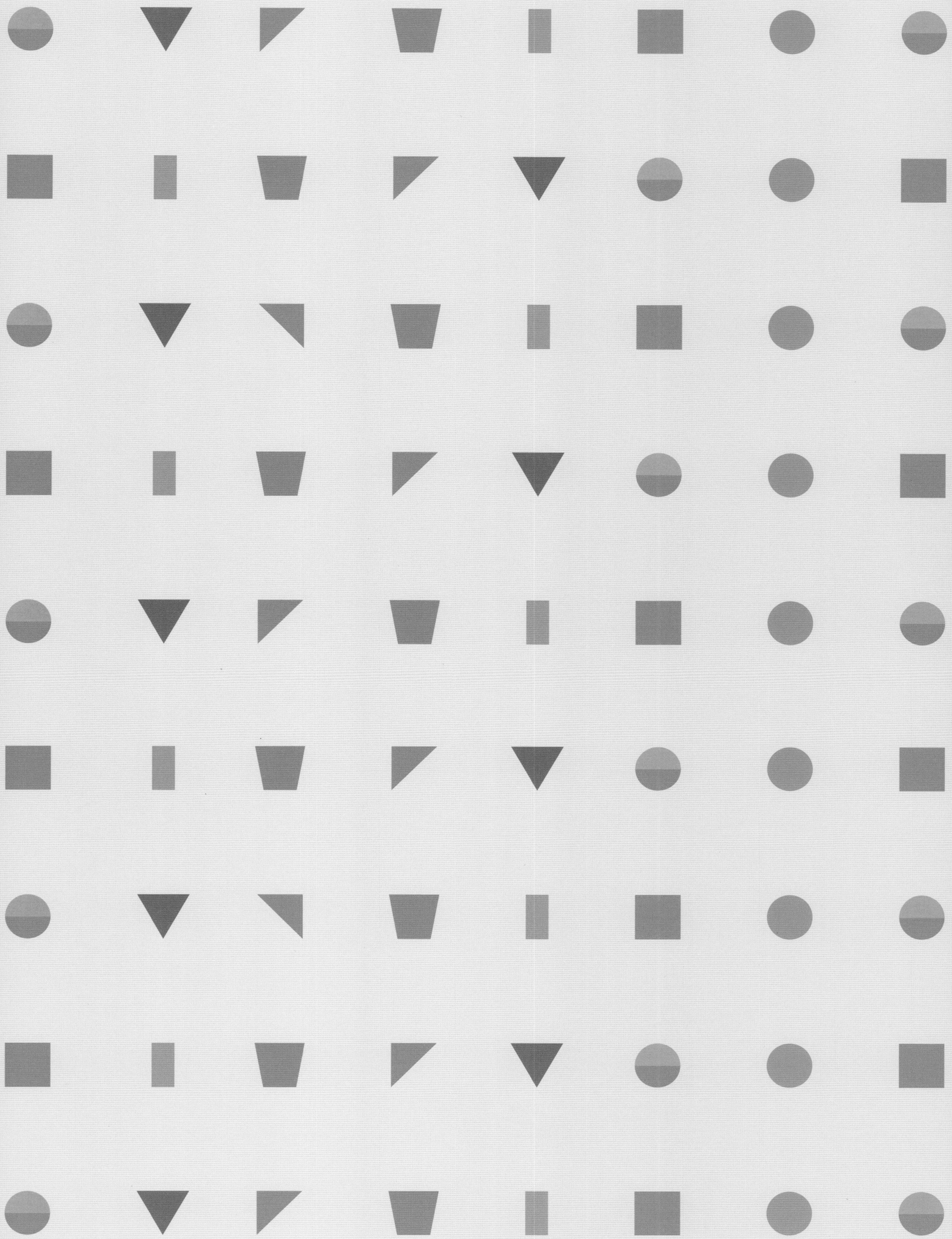

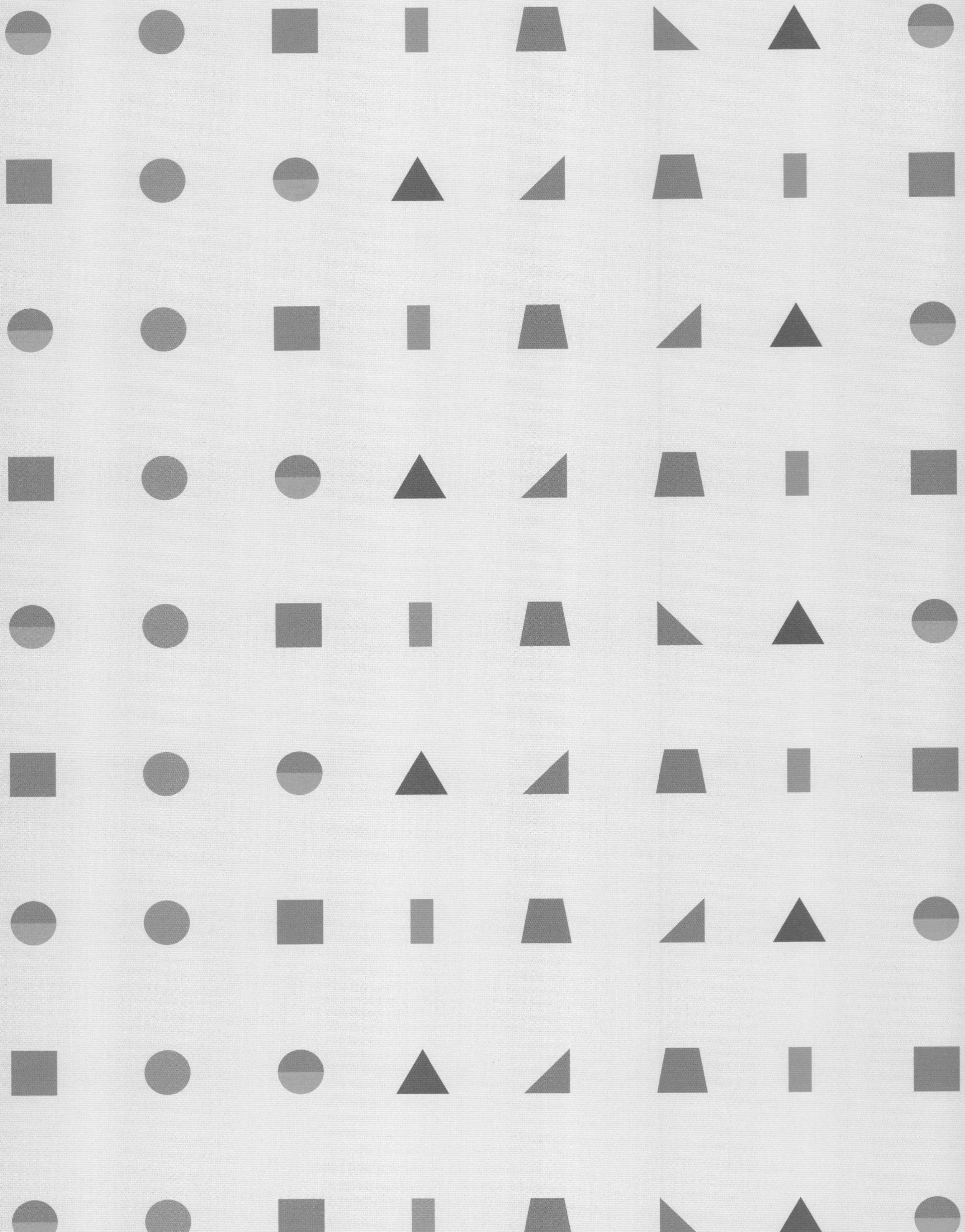

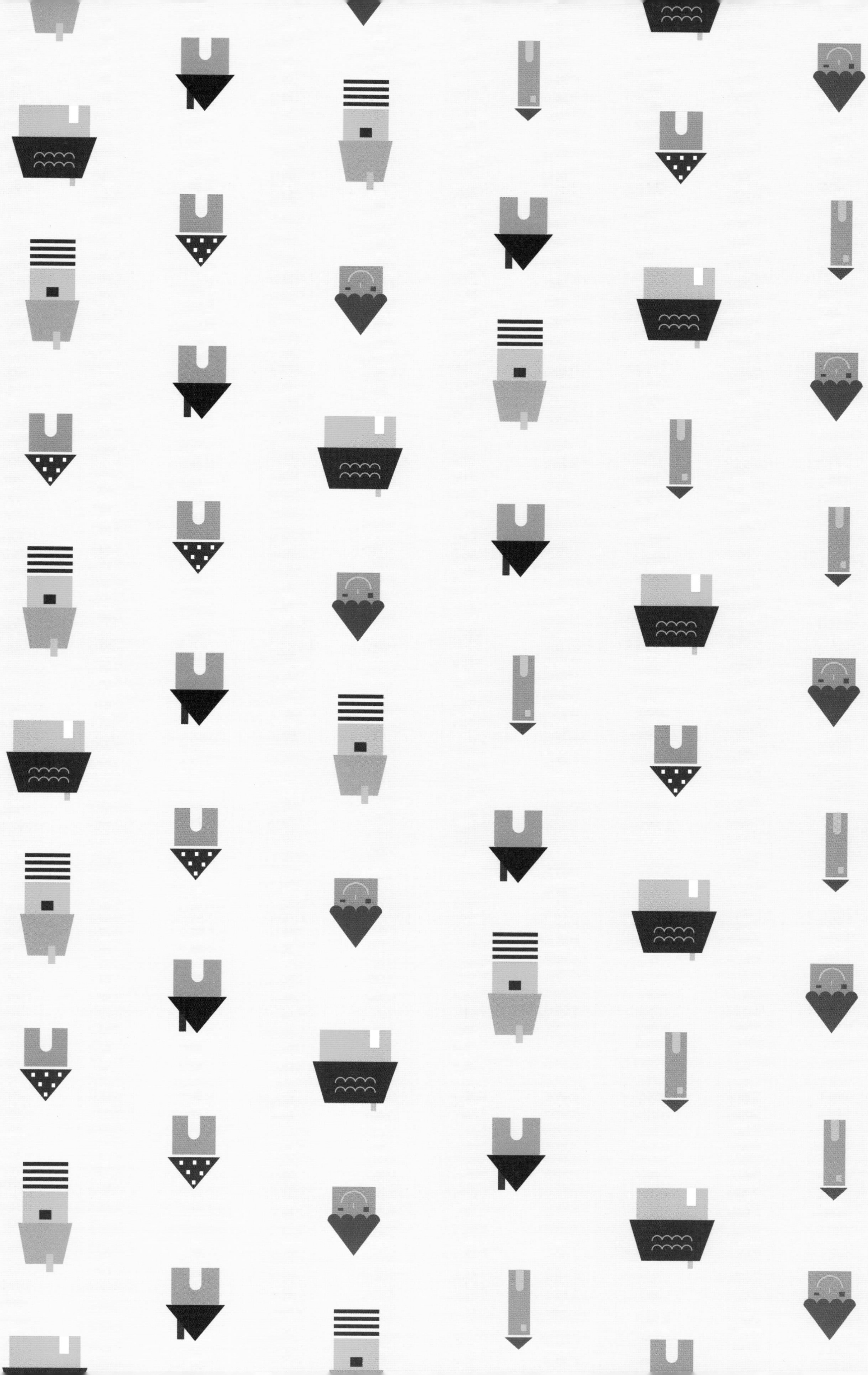

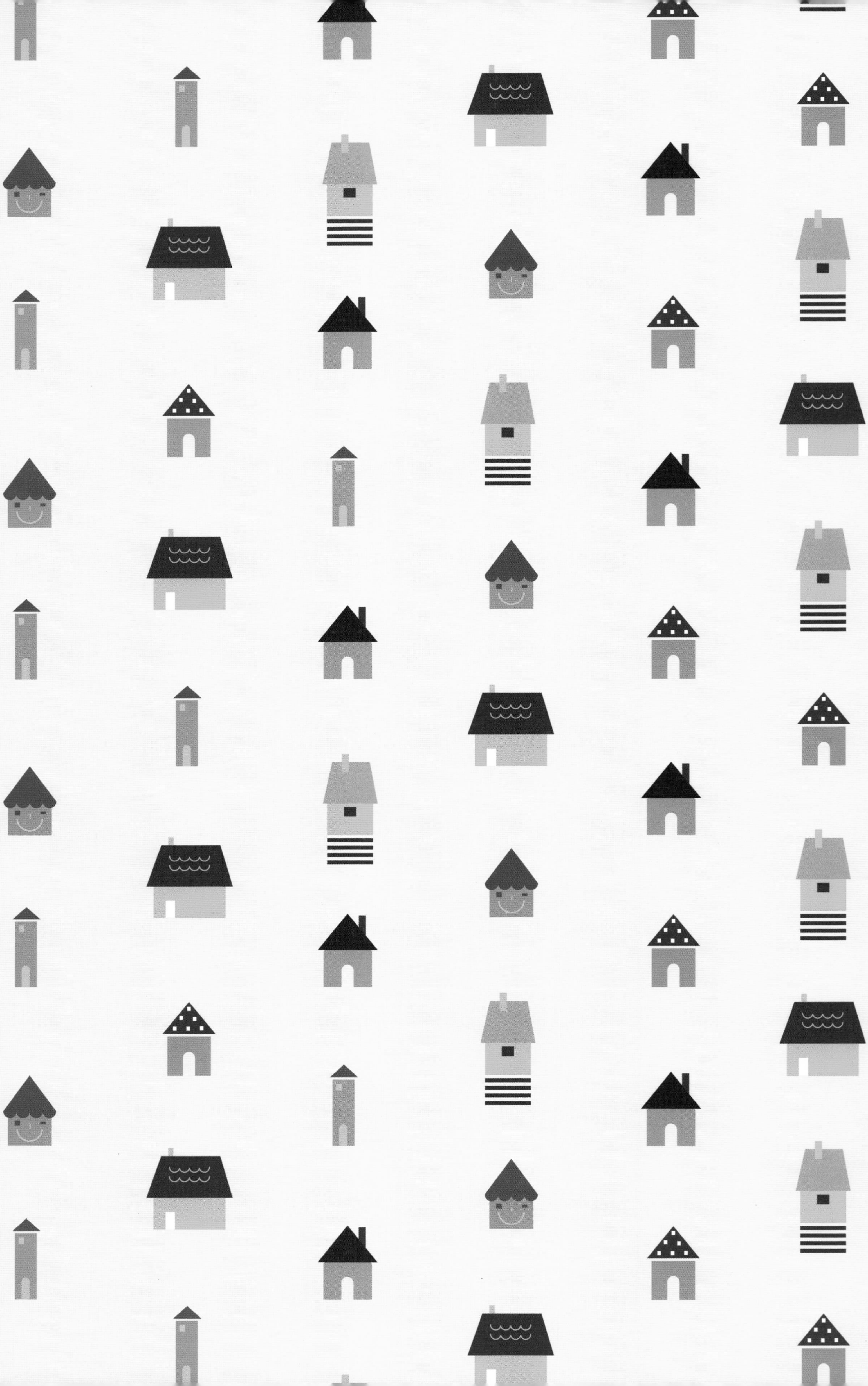

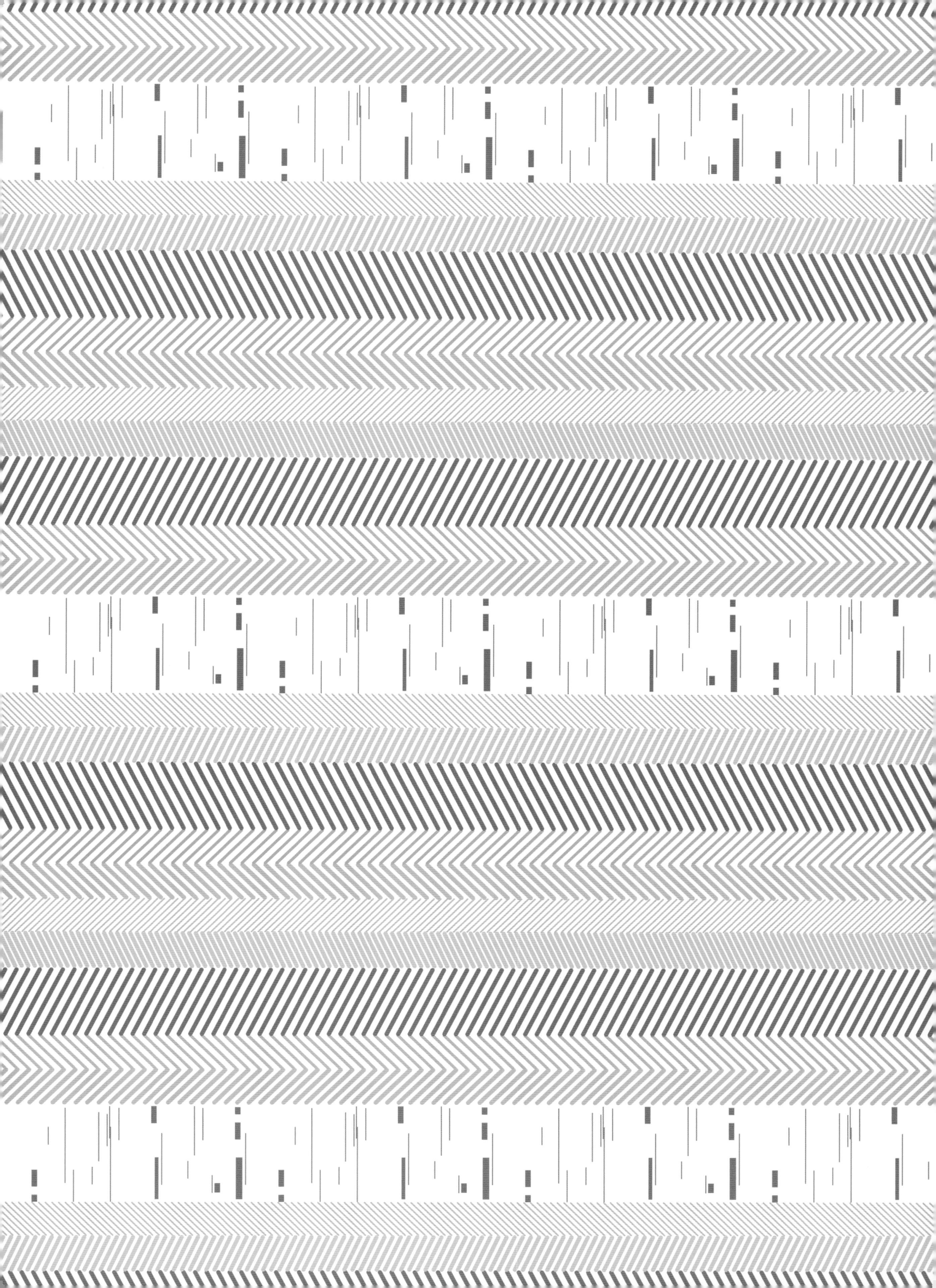

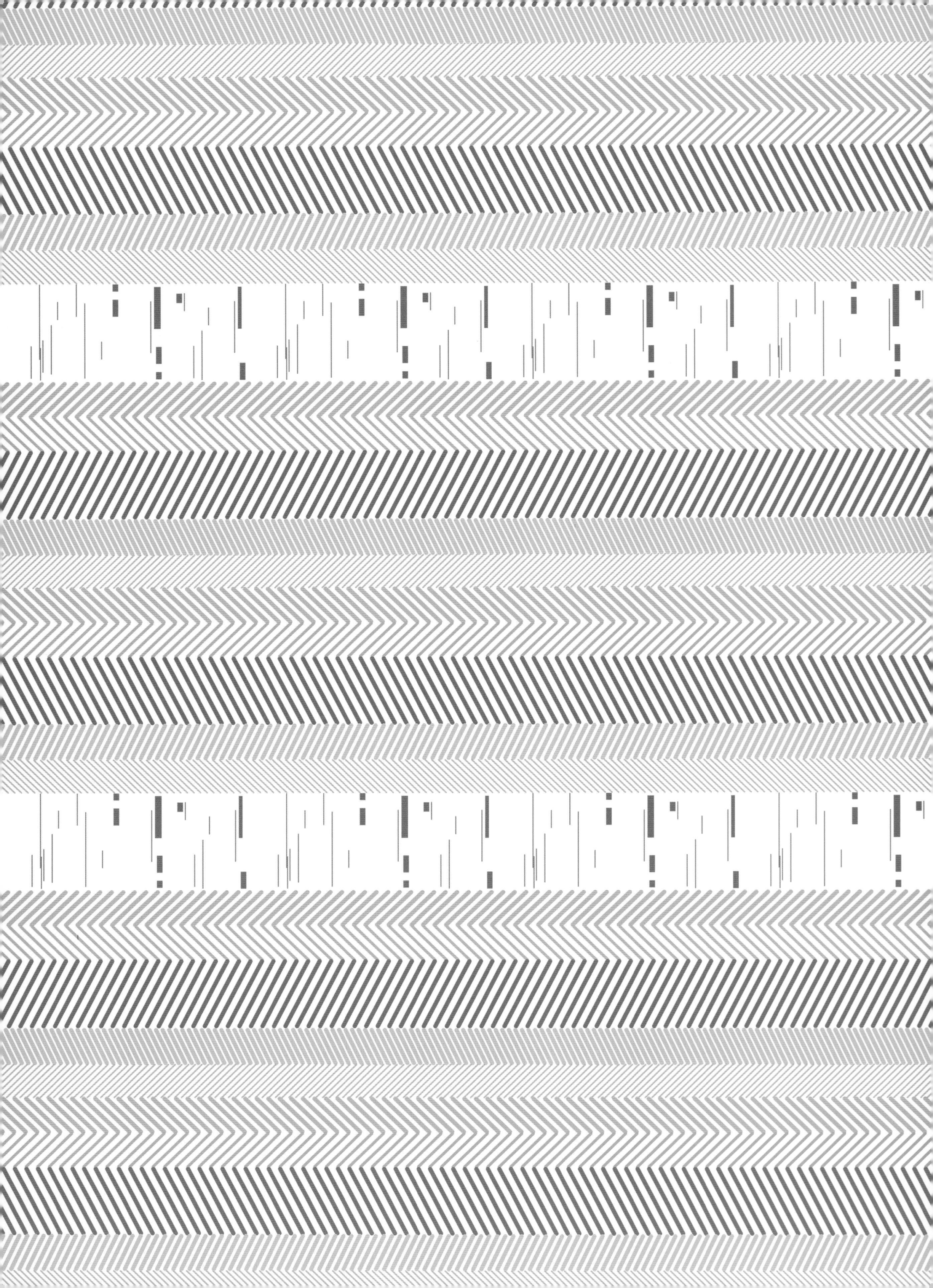

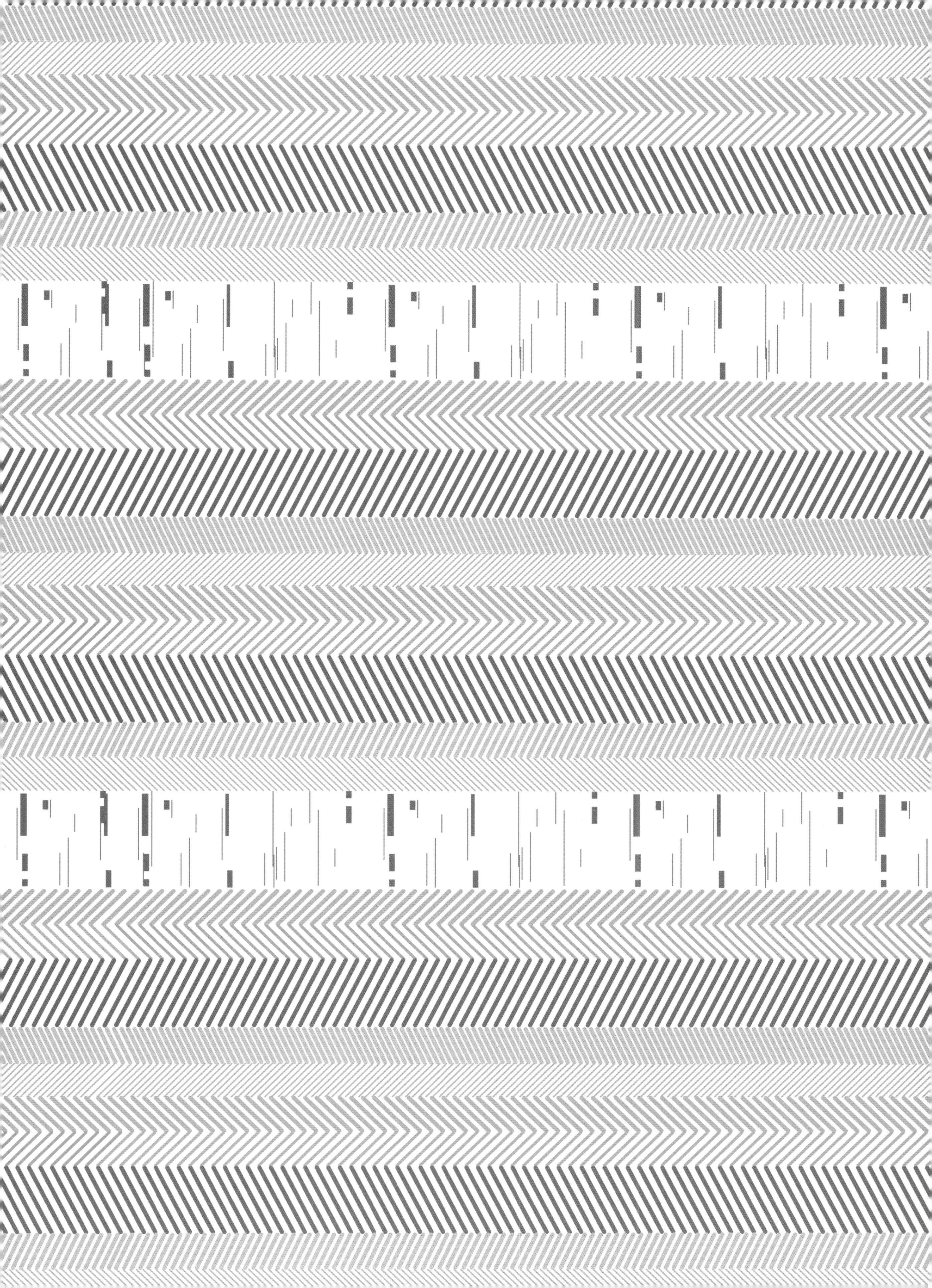

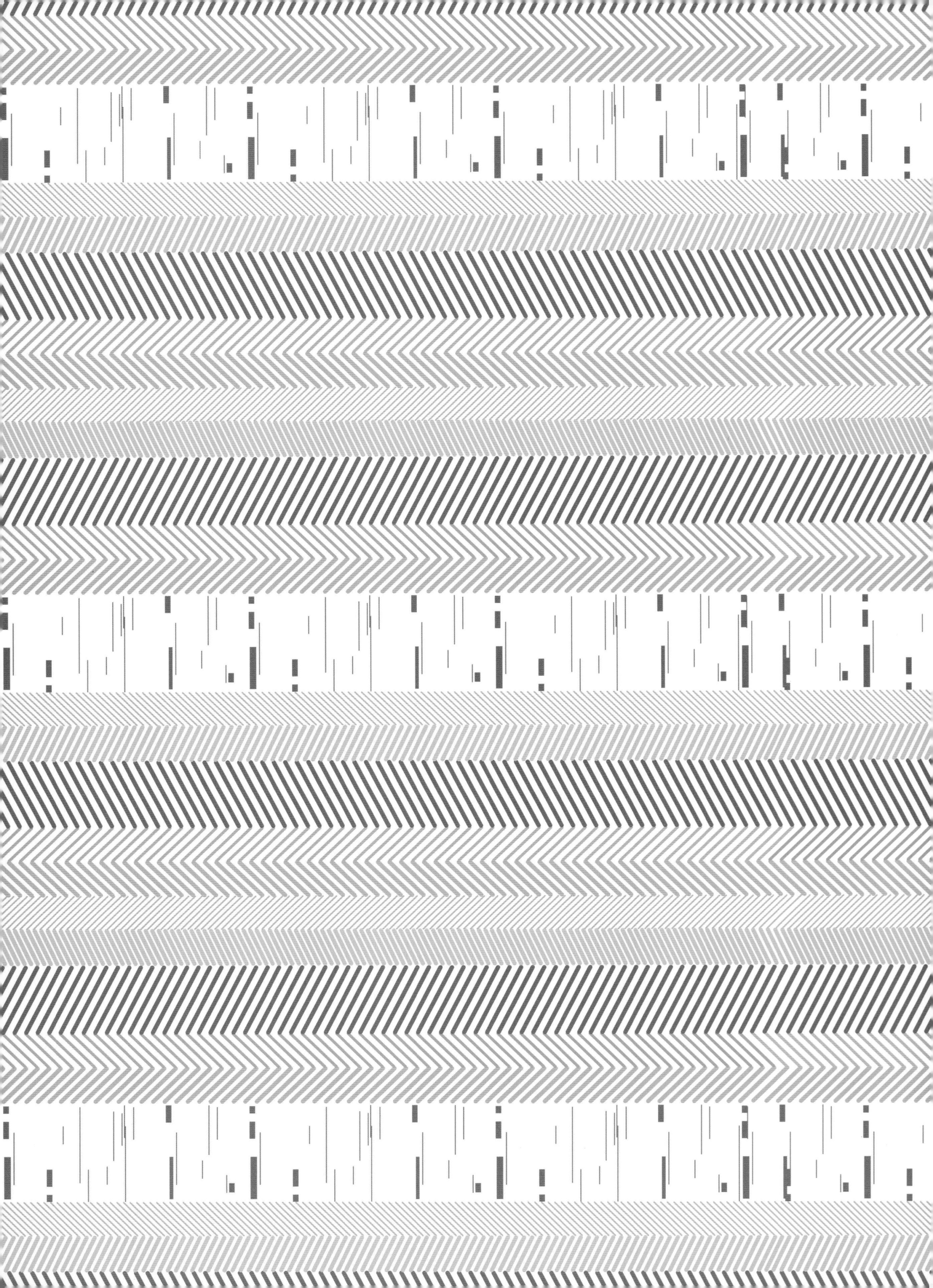